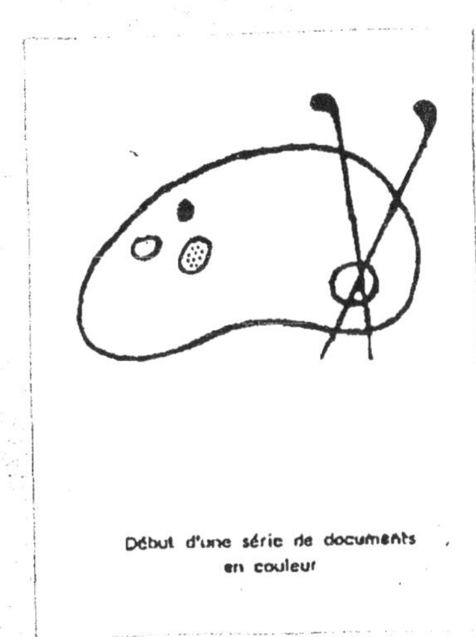

Début d'une série de documents en couleur

**JEAN ESCARD**
Rapporteur général
du Premier Congrès international des applications
de l'Electricité à l'agriculture

# EMPLOIS SPÉCIAUX
# DE L'ÉLECTRICITÉ
DANS LES
# INDUSTRIES AGRICOLES

Stérilisation des liquides et produits destinés à l'alimentation. — Rectification et vieillissement des alcools. — Applications diverses.

EXTRAIT DES
*Comptes rendus du Premier Congrès international des applications de l'Electricité à l'agriculture, Reims, octobre 1912.*

PARIS
OFFICE CENTRAL DU GÉNIE RURAL
*58, boulevard Voltaire, X^e^*

1914

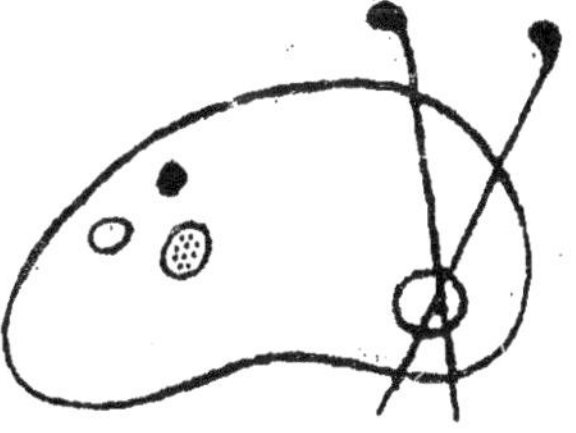

Fin d'une série de documents
en couleur

# EMPLOIS SPÉCIAUX

# DE L'ÉLECTRICITÉ

DANS LES

# INDUSTRIES AGRICOLES

**JEAN ESCARD**
Rapporteur général
du Premier Congrès international des applications
de l'Électricité à l'agriculture

# EMPLOIS SPÉCIAUX
# DE L'ÉLECTRICITÉ
DANS LES
# INDUSTRIES AGRICOLES



Stérilisation des liquides et produits destinés à l'alimentation. — Rectification et vieillissement des alcools. — Applications diverses.

EXTRAIT DES
*Comptes rendus du Premier Congrès international des applications de l'Électricité à l'agriculture, Reims, octobre 1912.*

PARIS
OFFICE CENTRAL DU GÉNIE RURAL
*58, boulevard Voltaire, X*[e]

1914

# Emplois spéciaux de l'Électricité dans les Industries agricoles



*(Conférence faite à la séance de clôture du Premier Congrès international des applications de l'électricité à l'agriculture. Présidence de M.* ARMAND GAUTIER, *membre de l'Institut, délégué par l'Académie des Sciences.)*

---

MESSIEURS,

Le rôle de l'Electricité en agriculture ne se borne pas seulement à accroître le rendement des récoltes en activant la végétation et à produire économiquement la force motrice nécessaire aux différentes machines de culture : elle est encore susceptible d'autres applications qu'il importe aux agriculteurs de connaître et de savoir mettre à profit. Les dépenses qu'elles nécessitent sont, en effet, peu élevées et, par un emploi judicieux, elles peuvent être la source de bénéfices importants. Il n'est donc pas sans intérêt de les étudier avec quelques détails.

### I. — *Stérilisation des liquides et produits destinés à l'alimentation : eau, lait, beurre, etc.*

La stérilisation des eaux et des moyens pratiques de la réaliser économiquement intéresse au plus haut point les agriculteurs et les éleveurs. Elle est du reste nécessitée par les infiltrations malsaines qui avoisinent la plupart des exploitations agricoles et dues à la présence de matières contaminées : purin, déchets provenant de porcheries, fromageries, caséineries, etc.

Les procédés les plus connus et les plus employés actuellement ne sont pas exempts d'inconvénients et de défauts :

La *filtration simple* donne des résultats généralement mauvais ou tout au moins inconstants ; les filtres à bougie n'ont pas une sécurité suffisante ni un débit assez élevé.

La *stérilisation par la chaleur*, avec ou sans ébullition, est d'un prix élevé et nécessite des installations généralement compliquées. On sait du reste que dans l'eau en ébullition beaucoup de microbes sont seulement endormis et non tués ; en outre, le liquide perd la presque totalité de l'air qu'il tient en dissolution ou emprisonné ; il est ainsi d'une digestion difficile : on dit que l'eau est lourde.

Les *méthodes chimiques* (emploi des sels de manganèse, du sulfate d'alumine) présentent l'avantage d'être rapides, peu coûteuses et d'agir avec une grande efficacité. Leur seul inconvénient est de donner parfois à l'eau une teinte et un goût désagréables.

Quant aux *procédés mixtes*, qui résultent de l'emploi simultané des produits chimiques et de la filtration (sable et chlorure de chaux, sable et sulfate d'alumine), ils donnent de bons résultats au point de vue de la destruction des microbes, mais sont trop compliqués pour de petites installations et un usage journalier.

L'*ozone* ne peut s'appliquer utilement et économiquement que dans les grandes exploitations ou les usines centrales : elle nécessite en effet un matériel encombrant et coûteux et une surveillance à peu près constante. Les procédés actuels (Otto, Siemens et Halske, Andréoli, Abraham et Marmier, Séguy, Frise, Labbé, etc.) sont néanmoins des plus satisfaisants, à en juger par les grandes installations (usines de Saint-Maur, de Nice, d'Amsterdam) qu'ils ont permis de réaliser dans ces dernières années. Néanmoins de semblables installations ne sont pas possibles dans une ferme ni même dans une grande exploitation agricole où la conduite des machines n'est généralement pas confiée à des spécialistes.

*
* *

Nous arrivons aux procédés les plus en faveur actuellement, ceux qui utilisent les *rayons ultra-violets*. Ils ont déjà fait l'objet, non seulement de nombreuses expériences, mais aussi d'essais pratiques qui leur ont permis de lutter victorieusement avec les méthodes connues jusqu'à ces derniers temps. Toutefois pour faciliter la compréhension des appareils qui utilisent les rayons ultra-violets, il est nécessaire d'entrer dans quelques détails techniques relatifs à leur nature et à leur mode de production. La description des procédés imaginés pour les faire agir avec le maximum de rendement se comprendra ensuite plus facilement.

La lumière solaire, ou lumière blanche, qui nous éclaire et nous chauffe, n'est pas uniquement composée de rayons visibles, c'est-à-dire de ceux qui nous permettent de voir les objets situés autour de nous ; elle contient aussi des rayons invisibles, non perceptibles par notre œil, mais dont il est facile de démontrer l'existence par l'expérience suivante :

Faisons arriver un faisceau de lumière blanche sur un prisme et recevons sur un écran le spectre produit par la réfraction de ses différents rayons. Nous obtenons le spectre solaire classique avec ses différentes couleurs : violet, indigo, bleu, vert, jaune, orangé, rouge. Tous ces rayons sont nettement visibles sur l'écran. Certaines substances fluorescentes (éosine, fluorescéine, nitrate d'urane) deviennent lumineuses si on les place sur le trajet de ces différents rayons. Mais ce qu'il est curieux de constater au point de vue qui nous occupe, c'est que ces substances fluorescentes, invisibles dans l'obscurité, continuent à être lumineuses au delà du spectre, après le violet, c'est-à-dire dans une région où notre œil ne perçoit aucune couleur, aucune luminosité. C'est donc qu'il y a dans cette région des rayons analogues à ceux qui rendent lumineuses les substances fluorescentes dans la portion visible du spectre. Et, en fait, si nous promenons un tube rempli de nitrate d'urane dans l'*ultra-violet* (c'est ainsi qu'on désigne la région du spectre située au delà du violet), ce sel acquiert une fluorescence marquée, mais cette dernière cesse de se produire si nous continuons à déplacer le nitrate d'urane au delà de l'ultra-violet.

Eh bien, ces rayons ultra-violets sont doués de propriétés microbicides spéciales et que l'on peut mettre en évidence à l'aide d'une expérience très simple (fig. 1) :

On examine d'abord une goutte d'eau au microscope à la lumière ordinaire et sous un fort grossissement, 1.000 diamètres par exemple : on voit nettement s'agiter les nombreux microbes qui polluent cette eau ; il se meuvent dans toutes les directions indifféremment et sans manifester de préférence pour une région déterminée du milieu qui les abrite (fig. 1, I).

Cette même goutte d'eau est ensuite examinée de façon que la lumière qui la pénètre ne soit pas de la lumière blanche, mais que les rayons élémentaires de celle-ci (violet, indigo,... orangé, rouge) soient étalés le plus régulièrement possible sur elle, formant ainsi comme une série de bandes de couleurs différentes juxtaposées. Les diverses portions de la goutte d'eau examinée sont ainsi soumises à des rayons de nature différente : en effet, on constate que les microbes désertent rapidement les régions ultra-violettes et violettes et se précipitent vers l'orangé et le rouge, comme si ces régions étaient plus clémentes pour eux (fig. 1, II).

Le phénomène est comparable à celui qui se produirait pour nous si nous nous trouvions dans un milieu riche, d'une part en gaz irrespirable ou toxique (acide carbonique, oxyde de carbone), et d'autre part en oxygène. Ce dernier nous attirerait malgré nous pour le maintien de la vie.

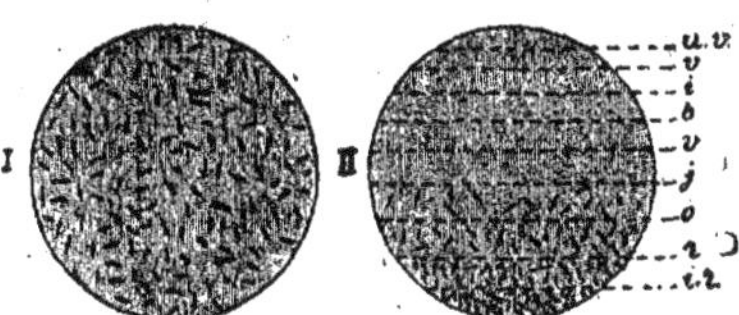


FIG. 1. — Action des différentes régions du spectre sur les bactéries. I, lumière blanche ; II, la même lumière décomposée en ses différentes couleurs : les bactéries fuient les régions violettes et ultra-violettes.

Nous voilà donc en présence d'un fait acquis : les régions ultra-violettes du spectre solaire sont contraires à la vie microbienne dans les milieux aqueux. Ce que nous venons de dire s'applique en effet, non seulement à l'eau, mais à la plupart des liquides (lait, bière, vin, etc.) et il est possible de provoquer la disparition totale des microbes en ne faisant traverser ces milieux que par les rayons ultra-violets du spectre : ils sont immédiatement stérilisés [1].

Malheureusement, le spectre solaire n'est pas très riche en rayons ultra-violets, ou, pour mieux dire, ces rayons sont presque totalement absorbés par l'atmosphère. Le problème revient donc à trouver une source lumineuse artificielle contenant ce rayonnement en abondance. L'arc électrique au charbon, l'arc au fer et au titane, les tubes de Geiss-

1. De l'eau de Seine contenant 20 millions de bactéries par litre et coulant à raison de 5 litres par minute est complètement stérilisée au fur et à mesure de son écoulement sous l'influence des radiations ultra-violettes.

ler permettent jusqu'à un certain point de résoudre la question. Mais c'est encore la lampe à vapeur de mercure qui donne les meilleurs résultats.

On sait que l'arc au mercure produit dans le vide au sein de longs tubes de verre émet une lueur verdâtre et blafarde utilisée pour certains éclairages spéciaux (serres, ateliers photographiques, tirage des bleus). Cette lumière est très économique et d'un très bon rendement. Cependant, il n'est pas possible d'utiliser ces lampes pour la stérilisation des liquides, car la matière qui contient la vapeur de mercure portée à l'incandescence, le verre, est opaque pour les rayons ultra-violets[1] ; mais une substance assez commune, le quartz (cristal de roche) laisse passer facilement ces rayons. On est donc amené à l'utiliser, malgré la difficulté de sa fabrication.

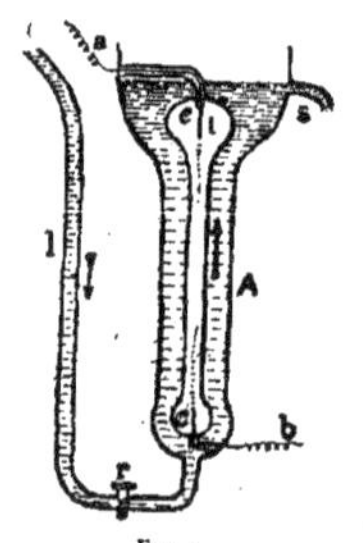


Fig. 2.
Appareil simple pour la stérilisation électrique des liquides.

La préparation des tubes de quartz s'effectue à l'aide de fragments de cette substance que l'on fond d'abord à une haute température (1.800 à 2.000°) à l'aide d'un four électrique, puis que l'on travaille au chalumeau oxhydrique. On obtient ainsi des tubes très transparents, exempts de bulles d'air, inattaquables par les acides, insensibles aux variations brusques de température et pouvant prendre toutes les formes possibles. Les progrès réalisés depuis peu dans leur fabrication permettent d'espérer que leur prix sera considérablement diminué dans quelques mois.

Le premier appareil imaginé dans le but d'utiliser ces lampes pour la stérilisation de l'eau est représenté par la figure 2. Il comprenait, en principe, un tube de quartz *t* contenant le gaz raréfié destiné à produire les radiations ultra-violettes et en communication avec une source d'énergie électrique *ab*. Ce tube est noyé dans le liquide à stériliser. Le récipient A dans lequel circule celui-ci est en verre ou en toute autre substance non susceptible d'introduire de nouveaux germes dans le

1. Au point de vue de l'emploi des lampes à vapeur de mercure pour l'éclairage, il est heureux qu'il en soit ainsi : les rayons ultra-violets sont, en effet, non seulement microbicides, mais très dangereux pour les yeux.

liquide après sa stérilisation ; il communique par le tube *l* avec la conduite principale d'arrivée de ce liquide. Le robinet *r* règle la vitesse d'écoulement de celui-ci : le robinet *s* sert à son déversement dans le récipient choisi.

Un grand nombre de dispositifs ont été imaginés dans ces derniers temps en vue de rendre cet appareil plus pratique et utilisable aussi bien dans les petites que dans les moyennes et grandes installations. Sans nous attacher à la description de tous ces dispositifs, nous mentionnerons seulement ceux dus à Courmont et Nogier, Billon-Daguerre, Recklinghausen, Heilbronner, Berlemont, Poulenc, ceux de la Société Westinghouse, de la Société « l'Ultra-Violet » et des Etablissements Lacarrière.

Quelles que soient les caractéristiques de ces divers instruments, ils se signalent tous par des qualités appréciables : un prix d'achat relativement faible, un nettoyage facile et une consommation très réduite de courant électrique. La stérilisation est complète, ils ne nécessitent que très peu de surveillance et, en cas de réparations, sont entièrement démontables.

Un grand nombre de laiteries françaises et étrangères sont actuellement pourvues de ces appareils qui leur rendent de sérieux services notamment pour le rinçage de bouteilles. A l'Isle-sur-Sorgues (Vaucluse), à Saint-Malo, à Choisy-le-Roi, près de Paris, à Marseille (Compagnie des Eaux), d'importantes installations de stérilisation par ce procédé ont été effectuées également dans ces derniers mois en vue de la stérilisation de l'eau destinée à l'alimentation des villes.

Il n'est peut-être pas inutile d'ajouter que les eaux les moins faciles à stériliser sont celles qui contiennent le plus de matières minérales insolubles : sables, silicates, grains divers. Ces matières, en effet, si microscopiques soient-elles pour notre œil (quelques millièmes de millimètre de diamètre), constituent de véritables rochers pour les bactéries de l'eau qui s'abritent derrière elles dès qu'elles soupçonnent la présence d'un ennemi. Cet ennemi c'est le rayonnement ultra-violet du tube à stérilisation qui ne peut donc atteindre ces bactéries que si on oblige l'eau à suivre un parcours compliqué, c'est-à-dire à mettre les microbes en contact avec les rayons microbicides. En perforant ainsi le liquide dans toutes les directions, le rayonnement rend finalement celle-ci complètement stérile.

Le dispositif représenté par la fig. 3 remplit les diverses conditions qui viennent d'être énoncées. L'eau ordinaire arrive dans l'appareil E par un large tuyau *t*, puis contourne le tube à vapeur de mercure L à l'aide de chicanes qui allongent son parcours. Stérilisée immédiatement, elle s'échappe de l'appareil par une tubulure latérale *i* qui la conduit dans un réservoir où elle peut être puisée à volonté. Au cas où, pour une raison quelconque (court-circuit dans la canalisation, mauvais fonctionnement de l'interrupteur, etc.), le tube à mercure viendrait à s'éteindre et risquerait ainsi d'introduire dans le réservoir une certaine quantité d'eau non stérilisée, on fait usage d'un dispositif mettant l'appareil à l'abri de cet inconvénient. Il comprend simplement un interrupteur *o* placé en série avec le tube à vapeur de mercure L et commandant une soupape de vidange *r*. Si à un moment ou à un autre le tube s'éteint, immédiatement l'interrupteur *o* cesse lui-même d'être en circuit et la soupape de vidange *r* s'ouvre, permettant ainsi à l'eau qui circule dans l'appareil (eau non stérilisée) de se rendre directement dans la conduite d'écoulement des eaux V et de là à l'égout.

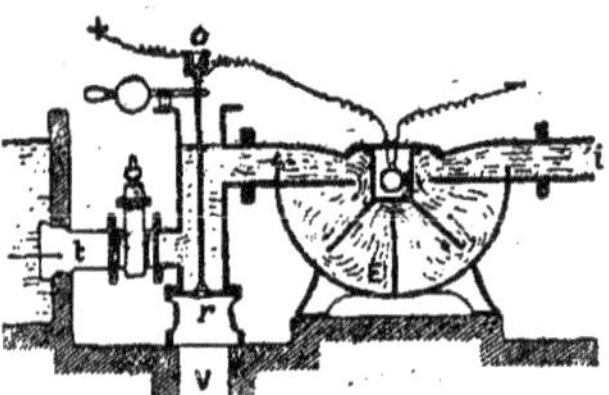


Fig. 3. — Appareil pour la stérilisation de grandes quantités d'eau par les rayons ultra-violets : Coupe schématique.

*Stérilisation du lait et du beurre.* — Parmi les procédés actuels de conservation et de stérilisation du lait, il faut citer ceux qui utilisent le froid (congélation du lait), la chaleur (pasteurisation), les antiseptiques (eau ozonisée). Le lait desséché ou en poudre tend aussi à se répandre de plus en plus dans le commerce.

Ces différents procédés ne sont pas exempts d'inconvénients : ils sont généralement coûteux, exigent des installations compliquées et nécessitent de longs traitements. De plus, ils sont absolument illusoires lorsque le lait, en vue d'être livré à la clientèle, doit être ensuite renfermé dans des bouteilles mal lavées ou nettoyées avec une eau quelconque contaminée, comme cela se produit fréquemment dans les campagnes.

On sait depuis longtemps qu'un courant électrique traversant du lait contenu dans un récipient et dans lequel plongent deux électrodes de charbon retarde sa fermentation. On a cherché depuis à stériliser ce liquide comme on le fait pour l'eau. Malheureusement le lait se laisse plus difficilement traverser que celle-ci par les rayons ultra-violets en raison de son opacité relative. Cependant des expériences récentes ont démontré qu'on pouvait arriver à de bons résultats en prenant la précaution d'agir sur de faibles épaisseurs de liquide.

En 1909, M. Billon-Daguerre arriva à stériliser des quantités suffisantes de lait en opérant à l'aide des différents procédés suivants :

1° En faisant couler le lait lentement sur une glace légèrement inclinée, les rayons étant émis par une lampe à arc (15 ampères et 50 volts) placée au-dessus de la table ; cette lampe possédait des électrodes de composition spéciale donnant une lumière riche en rayons violets et ultra-violets ;

2° En plaçant le lait dans des récipients en verre violet de tonalité déterminée et en les exposant à la lumière blanche.

Cette méthode [1], qui permet de tuer en cinq ou six secondes seulement le *staphylococcus aureus*, présente l'avantage de stériliser à froid et à distance.

Les expériences de V. Henri et Stodel ont été effectuées d'une part sur du lait largement infecté avec du bouillon de culture [2], des bouillons de coli, de bacilles lactiques, de phléole, l'addition des bouillons ayant été faite à la fois à du lait préalablement stérilisé à 115° et à du lait ordinaire. D'autre part, ces savants ont étudié la stérilisation du lait naturel acheté dans le commerce. Un grand nombre d'essais ont montré de façon absolument certaine que l'on obtient une stérilisation complète du lait par l'action des rayons ultra-violets sans avoir une élévation sensible de température. Ce procédé présente en outre l'avantage d'éviter les mauvais effets de la stérilisation par la chaleur.

Au point de vue de l'industrie beurrière proprement dite, il convient de signaler les essais concluants de MM. Dornic et Daire effectués sur des produits soigneusement contrôlés avant et après les expériences.

1. A. Billon-Daguerre, *Comptes rendus de l'Académie des Sciences*, 1er mars 1909, t. CXLVIII, n° 9, p. 542.
2. Victor Henri et E. Stodel, *Comptes rendus de l'Académie des Sciences*, 1er mars 1909, t. CXLVIII, n° 9, p. 582.

On sait que la rancissure rapide et prématurée du beurre est due à de nombreux microbes [1] qui proviennent plus de l'eau qui sert au lavage des récipients contenant le lait que de celui-ci. Les récipients qui sont utilisés pour le délaitage du beurre sont aussi une source de microbes quand ils sont mal nettoyés.

Dans le but d'arriver à des résultats dénués de toute erreur expérimentale, MM. Dornic et Daire ont fabriqué du beurre par les procédés habituellement employés à la laiterie coopérative de Surgères [2]. Les échantillons de beurre témoins, lavés à l'eau ordinaire, se sont montrés nettement rances après huit jours de conservation à la température normale et sans aucune précaution spéciale. Les beurres provenant des mêmes crèmes et des mêmes fabrications, mais lavés avec de l'eau traitée par les rayons ultra-violets, ont été considérés comme frais de deux ou trois jours un mois après leur préparation, ce qui prouve l'efficacité de la méthode. Normalement, cette dernière permet d'augmenter de trois semaines, en moyenne, la durée de conservation des beurres.

Ces résultats sont d'un grand intérêt pratique, car, d'après leurs auteurs, ils se rapporteraient à une fabrication industrielle journalière de 400 kilogs de beurre.

Il ne paraît pas, dans l'état actuel de la question, qu'il y ait possibilité de stérilisation directe du beurre par les rayons ultra-violets, en raison de son opacité et aussi de l'odeur et du goût de suif qu'il acquiert presque instantanément au contact de l'ozone produit par les tubes à mercure. Il semble en être de même, quoique à un degré moindre, pour la crème.

Nous devons ajouter que la stérilisation directe du lait par la lampe à mercure fait actuellement l'objet d'études sérieuses au sujet de la limite possible d'action de ses rayons sur les microbes de ce produit. On a constaté en effet que les rayons ultra-violets agissant pendant un certain temps sur une même quantité de lait peuvent détruire, non seulement les microbes nuisibles, mais ausssi les microbes utiles, tels que ceux de la fermentation par exemple. De nouveaux essais sont donc

1. Il faut citer principalement : *B. fluorescens liquefacieus*, *Oidium lactis*, *Micrococcus acidi lactici Kruger*, *B. microbutyricus liquefacieus*, *B. prodigiosus*, *Cladosporium butyri*, *Streptothrix chromogena*, *Penicillium glaucum*.

2. Dornic et Daire, *Comptes rendus de l'Académie des Sciences*, 2 août 1909, t. CXLIX, nº 5, p. 354.

nécessaires pour limiter l'action de ces rayons au seul rôle de destructeurs des bactéries nuisibles et par suite dangereuses dans les produits destinés à l'alimentation.

## II. — *Traitement électrique des alcools, vins et autres liquides comestibles en vue de leur rectification ou de leur vieillissement.*

On sait que les alcools, tels qu'ils sont généralement fabriqués, renferment un certain nombre de composés organiques d'odeur désagréable, entre autres des aldéhydes qui leur donnent un mauvais goût. Cette déshydrogénation partielle de l'alcool le rend impropre à la consommation et la distillation simple ne permet pas de le débarrasser complètement de ces produits. Aussi a-t-on imaginé et essayé plusieurs autres procédés dans le but d'arriver à des résultats satisfaisants en tous points.

Le *procédé Naudin* consiste à soumettre les liquides alcooliques à l'électrolyse avant leur distillation, au moyen d'un couple zinc-cuivre. Pendant l'opération, il y a transformation rapide des aldéhydes en alcool par hydrogénation et la distillation est dès lors possible.

Naudin a perfectionné son procédé en additionnant les flegmes, complètement désinfectés, d'un millième environ d'acide sulfurique et en soumettant le mélange à l'électrolyse. L'opération s'effectue dans un appareil en verre muni de deux tubulures à sa partie inférieure et fermé hermétiquement à sa partie supérieure; les deux tubulures possèdent des robinets destinés à la prise des échantillons pour le contrôle de la marche de l'opération. Les flegmes arrivent dans l'appareil à l'aide d'un tube central percé de trous dans toute sa longueur. Deux lames de platine constituent les électrodes d'arrivée et de sortie du courant.

Une fois l'électrolyse jugée suffisante, le liquide est envoyé dans une cuve contenant de la grenaille de zinc destinée à saturer l'acide sulfurique introduit au début ; de là, il passe dans un rectificateur dont il sort complètement purifié.

Ce procédé est des plus économiques, car il donne de l'alcool à 15 °/₀ environ meilleur marché que celui obtenant la rectification par distillation simple.

Le *procédé Eisemann* agit par oxydation au moyen d'un courant d'ozone; il n'a pas encore été appliqué industriellement.

C'est aussi au moyen de l'ozone que s'effectue le *vieillissement* artificiel par le *procédé Broyer*. Le gaz est produit par l'effluve électrique et agit par barbotage sur les eaux-de-vie à traiter. Pour donner des résultats satisfaisants, l'opération nécessite plusieurs contacts successifs du liquide et du gaz oxydant.

Le *procédé Pilsoudsky*, qui a fait l'objet d'importants essais en Russie, repose également sur l'emploi de l'ozone, mais dans des conditions telles que celui-ci n'agit pas par simple contact, par frottement mécanique si l'on peut ainsi s'exprimer, mais par réaction chimique [1]. Il est donc utile de pouvoir le produire au sein même du liquide à traiter.

Dans ces conditions, l'amélioration et le vieillissement se produisent d'une façon très satisfaisante grâce à la destruction des microbes et parasites, origine des fermentations secondaires. La formation des éthers, qui contribuent à donner aux vins leur bouquet, se réalise très rapidement. Les vins artificiels ne supportent pas ce traitement, ainsi qu'il est logique de le supposer, de sorte qu'il est ainsi facile de les reconnaître. Au contraire, les vins naturels, de qualité moyenne, se trouvent améliorés en l'espace de quelques heures et dans une si grande proportion qu'ils peuvent être confondus avec les vins vieux de qualité supérieure dont il ont du reste l'arome et la finesse de goût.

L'appareil Pilsoudsky comprend (fig. 4) un tonneau A contenant le liquide *m* (alcool, eau-de-vie, vin) à rectifier ou à vieillir et deux électrodes de nature différente, E et E'. L'électrode inférieure E se compose d'un certain nombre de tuyaux en fer nikelé *t*, entre-croisés et munis de petites ouvertures O. Cette électrode communique, par l'intermédiaire d'un fil conducteur *f*, avec l'un des pôles d'une source électrique à haute tension T (bobine ou transformateur) ; c'est aussi par elle qu'arrive l'oxygène provenant du récipient R et qui passe à travers le liquide *m* après s'être échappé par les trous O.

L'électrode supérieure E' est formée d'un disque métallique en communication électrique avec l'autre pôle de la bobine T et muni de nom-

1. Les premiers appareils imaginés par cet inventeur comprenaient, d'une part, un ozonateur (cylindre creux armé intérieurement de pointes et tige axiale munie également de pointes) produisant le gaz nécessaire à l'opération, et, d'autre part, un récipient contenant le liquide à rectifier ou à vieillir. Les résultats obtenus dans ces conditions sont irréguliers, parfois défectueux et l'opération fort longue. De plus, l'ozone produit est en quantité insuffisante en raison de la faible proportion d'oxygène (provenant de l'air extérieur) que peut traverser l'ozonateur par rapport à sa capacité.

breuses pointes S (nickel, cuivre) jouant le rôle de détecteurs de décharges obscures.

Dès que l'appareil est en fonctionnement, il s'échappe des effluves des pointes S. Comme l'influence électrique se manifeste à travers toute la masse liquide *m*, les électrodes E et E' en constituant les limites extrêmes, l'oxygène qui arrive des ouvertures O se trouve rapidement transformé en ozone.

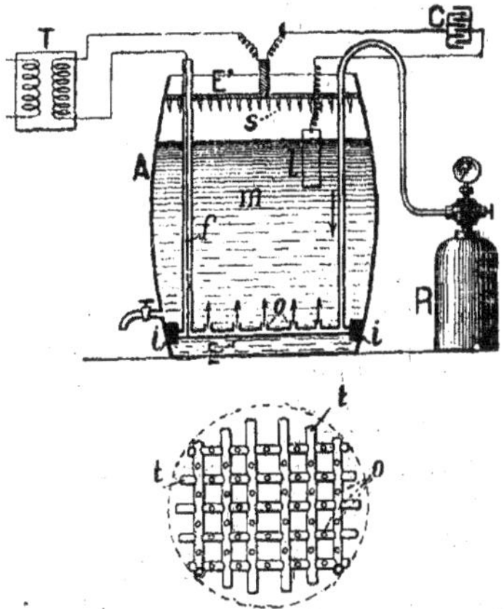


Fig. 4. — Appareil Pilsoudsky pour le vieillissement artificiel des alcools.

Suivant la nature du liquide traité, on peut du reste faire varier la distance des pointes S de sa surface, de même que la tension du courant, la pression et la quantité d'oxygène introduite dans le liquide.

L'électrode inférieure E peut être fixée aux parois du tonneau A à l'aide de tampons de bois ou de caoutchouc *i*, ou reposer sur des supports de verre.

Le condensateur C, alimenté par la bobine T, sert à faciliter les traitements de grandes quantités de liquide sans l'emploi d'une deuxième bobine. Dans ce but, il est relié électriquement à une électrode *l* plongeant dans le liquide.

D'après Pilsoudsky, une installation dont le prix de revient est de 6.000 roubles (22.000 fr. environ), peut traiter environ 10.000 litres de vin par jour, l'amélioration de la qualité de celui-ci étant presque décuplée par ce traitement.

La durée de l'opération varie cependant suivant la nature et l'origine des vins. Ainsi, le vin blanc se rectifie et se vieillit parfaitement en une heure ; le vin rouge exige deux heures ; le madère, de trois à quatre heures.

Au début de l'opération, pendant quelques minutes, le vin manifeste comme une sorte d'inertie ; il semble même perdre momentanément son

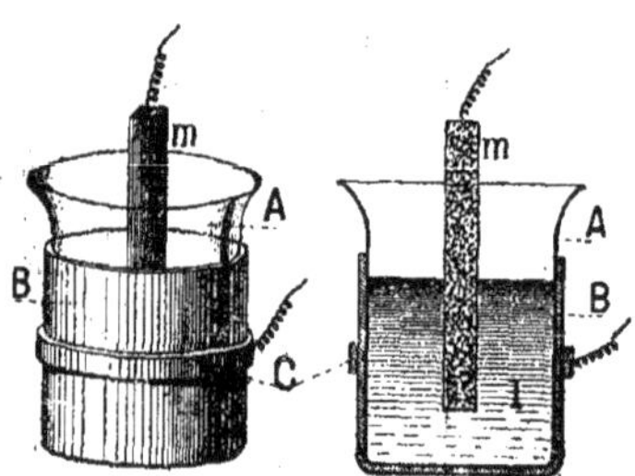


FIG. 5. — Dispositif simple pour le traitement électrique des vins et des alcools.

arome, puis il se bonifie graduellement. On arrête le traitement lorsqu'on juge l'amélioration sensible, par comparaison avec d'autres vins jouant en quelque sorte le rôle de témoins.

Il faut cependant prendre garde de ne pas prolonger trop l'opération, car, à partir d'une certaine limite, il y a destruction partielle des principes utiles. C'est uniquement la pratique qui sert de guide dans la conduite et la longueur du traitement.

L'installation qui vient d'être décrite étant assez encombrante, il est possible, sans avoir recours à des appareils coûteux et de grandes dimensions, d'arriver à des résultats aussi satisfaisants en utilisant des dispositifs plus simples.

Celui qui est représenté par la figure 5 répond à ce but et présente en outre l'avantage d'être portatif. Il se compose d'un vase en verre A de 100 litres environ de capacité et contenant le liquide à traiter *l*. Extérieurement, ce vase est recouvert d'une feuille épaisse de papier de plomb B entourée sur une partie de sa surface par un anneau métallique C relié au pôle d'une machine électrique. L'autre pôle de la machine communique avec une tige de charbon *m* (coke aggloméré ou charbon de cornue) plongeant dans le liquide.

Ainsi combiné, cet appareil constitue un véritable condensateur, une bouteille de Leyde dont le liquide sera traversé par le courant à des intervalles très rapprochés tant que la machine électrique fonctionnera.

Pour le traitement d'une grande quantité de liquide, on peut accoupler plusieurs de ces appareils, comme on le ferait avec des piles.

Les alcools et les vins ne sont du reste pas les seuls liquides qui peuvent être ainsi traités et améliorés. Les huiles se ressentent également, d'une façon heureuse, du traitement électrique ; on a constaté, en effet, que la plupart des huiles devenues rances, soit par une conservation défectueuse, soit par suite de leur qualité médiocre, perdent de 20 à 30 °/₀ de leur aigreur en moins de cinq minutes si on les soumet au traitement précédent.

## III. — *Autres applications.*

*Destruction des insectes nuisibles.* — Il est facile de détruire les insectes qui existent dans le sol, à la surface, et même sur les arbres, en les électrocutant pour ainsi dire, soit par une décharge statique, soit par un courant de voltage suffisant.

Les premières expériences tentées dans ce but ont été effectuées en Allemagne. En enfonçant dans le sol et à une certaine distance l'une de l'autre deux plaques de cuivre ou de charbon réunies à une source de courant, on voyait les vers, les limaces, les insectes de tout genre s'éloigner hâtivement de leur habitat dès que le courant passait. Ils se comportaient, au contraire, d'une façon absolument normale lorsqu'on interrompait le circuit.

L'appareil Lokaciejinski utilise les courants à haute tension. Il est monté sur un chariot, afin de pouvoir être facilement transporté au lieu d'utilisation, et comprend une bobine d'induction alimentée par une petite dynamo ou des accumulateurs. Si l'on emploie une dynamo, celle-ci peut être mise en marche au moyen d'engrenages faisant corps avec le chariot. Un rhéostat permet de faire arriver dans le primaire de la bobine un courant plus ou moins intense.

Les électrodes du circuit secondaire à haute tension se terminent : l'une par une tige métallique que l'on peut enfoncer dans le sol, ou par un balai de contact s'il s'agit du traitement d'un arbre ; l'autre par une triple dérivation aboutissant à une large plaque métallique terminée par un balai frotteur, dans le genre de ceux des collecteurs de dynamos.

Cet appareil peut fournir un courant d'une intensité très faible, soit 0 amp. 000 0005, sous une tension de 500.000 volts. Pour l'utiliser, il suffit de le placer à l'endroit même à purifier, puis d'enfoncer dans le sol la tige métallique en communication avec le secondaire et de faire avancer lentement le chariot : sous l'action des décharges à haut potentiel, tous les insectes situés sur leur passage sont immédiatement détruits et il n'en résulte que des avantages au point de vue de la structure et du développement des végétaux. S'il s'agit d'un arbre à traiter, on fait communiquer l'un des pôles avec la terre, et, avec l'autre pôle terminé par un balai, on frotte la surface à nettoyer : les résultats sont les mêmes que dans le sol.

Cette méthode a été appliquée aussi à la destruction du phylloxéra. Le procédé Fuchs, qui a été expérimenté en grand à Genève, en différents points de l'Allemagne et à l'île d'Elbe, consiste à utiliser le courant d'une dynamo. Les résultats obtenus ont montré que les souches peuvent être traversées par des courants de haut voltage sans aucun préjudice pour elles, et que l'électricité, loin de nuire à la vigne, était au contraire favorable à son développement. En opérant dans des conditions normales de sol et de sève, il est possible de tuer le phylloxéra après une ou plusieurs applications du courant électrique.

L'entretien de la vigne au moyen de l'électricité constituerait un grand avantage, car elle ne représente que la moitié environ de ce que coûte la reconstitution. Malheureusement, les procédés électriques ne garantissent pas l'immunité des plants ainsi traités. L'agriculteur se trouve donc dans l'obligation de recommencer l'opération chaque fois qu'il soupçonne la présence du phylloxéra. La question demande donc de nouvelles études.

*Blanchiment électrique des farines.* — La plupart des farines possèdent une teinte légèrement jaunâtre qui diminue leur valeur commerciale.

Cette teinte est due à certaines matières contenues dans la graisse de la farine. Depuis longtemps on a remarqué que celle-ci blanchit en vieillissant. L'exposition au soleil ou le traitement par le peroxyde d'azote aboutissent au même résultat en transformant les composés jaunâtres en composés incolores.

En 1898, Frichot a proposé de hâter le blanchiment au moyen de l'air ozonisé. Depuis cette époque, l'emploi de l'air soumis à des décharges électriques a donné des résultats industriels si couronnés de succès qu'on l'a utilisé en grand dans la pratique. De nombreuses expériences ont démontré que le blanchiment électrique des farines

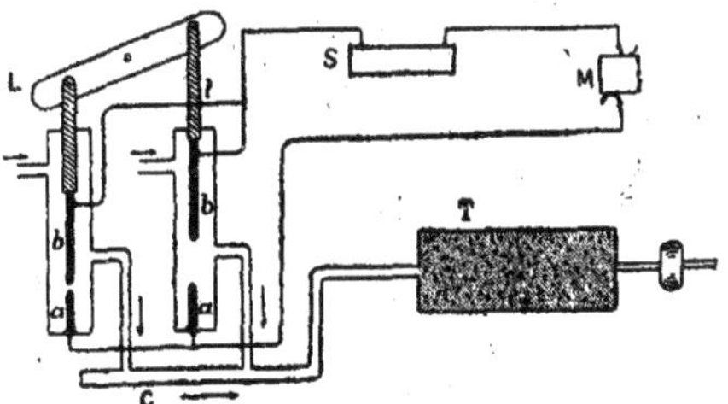


Fig. 6. — Appareil pour le blanchiment électrique des farines.

n'altère en aucune manière leur valeur alimentaire. Il ne diffère des procédés anciens que par le mode de préparation des composés agissant sur ces dernières : on a en effet constaté que l'air atmosphérique, transformé de cette manière, contient un mélange de peroxyde d'azote et de traces d'ozone.

La figure 6 représente l'appareil Alsop, très employé actuellement en Angleterre et aux Etats-Unis pour cet usage. Il comprend deux paires d'électrodes *a* et *b*, renfermées chacune dans un tube qui aboutit à une conduite C débouchant dans un tambour T contenant la farine à traiter. Les électrodes inférieures *a* sont fixes, tandis que les électrodes supérieures *b*, mobiles à l'extrémité de tiges à glissières *t*, peuvent être alternativement éloignées et rapprochées des électrodes inférieures à l'aide d'un double levier L et d'une manette. Les deux groupes d'électrodes sont reliés à une dynamo M dans le circuit de laquelle se trouve une bobine de self-induction S.

Il suffit d'examiner la figure pour se rendre compte que, par la manœuvre du levier L, des arcs se forment successivement entre les deux groupes d'électrodes. L'air entourant ces arcs se transforme en composés nitrés et en ozone et arrive par la conduite C dans le tambour T. Celui-ci possède la forme hexagonale et est muni intérieurement de palettes qui brassent la farine pendant sa rotation, de sorte que la matière est pénétrée dans toutes ses parties par les produits destinés à la blanchir.

Le rôle de la bobine de self-induction est d'accroître la différence de potentiel aux bornes des électrodes et d'engendrer ainsi des étincelles plus puissantes, d'où un meilleur rendement en produits actifs. Chaque fois que le courant se ferme à travers un groupe d'électrodes, un court-circuit se produit dans l'appareil et la bobine S est excitée ; elle restitue ainsi la puissance emmaganisée au moment de la rupture de l'arc.

Au sortir de l'appareil, la farine possède la couleur blanche désirée et sans aucun amoindrissement de ses propriétés nutritives. Au contraire, celles-ci se trouvent augmentées, ainsi que l'ont démontré les analyses. Celles que nous donnons ci-dessous se rapportent à deux échantillons prélevés dans le même sac et dont l'un a subi le traitement électrique.

| CORPS CONSTITUANTS | Farine brute non traitée | Farine traitée électriquement |
|---|---|---|
| Eau . . . . . . . . . . | 9,84 % | 10,13 % |
| Amidon . . . . . . . . . | 74,11 | 62,24 |
| Substances grasses. . . . . | 0,62 | 0,62 |
| Cendres et poussières . . . | 0,44 | 0,30 |
| Parties nutritives . . . . . . | 14,99 | 26,71 |

Il résulte de ces analyses que l'augmentation des parties nutritives est de 11,72 % de la composition totale, gain dû à la diminution de l'amidon et des poussières. Cette transformation présente un grand avantage : celui de produire par la cuisson un pain meilleur, la transformation du pain tendre en pain rassis donnant de nouveau naissance à de l'amidon dont la valeur nutritive est peu élevée.

On a constaté en outre que la farine traitée électriquement contient 0 gr. 075 d'azote par gramme de matière, tandis que la farine ordinaire n'en renferme que 0 gr. 054. Cette addition d'azote, qui se manifeste par une augmentation des matières nutritives, tient évidemment aux réactions chimiques produites par le contact de l'air ionisé et de la farine traversée par cet air. Le traitement électrique n'a donc pas pour unique résultat de blanchir les farines, mais aussi de les purifier et d'accroître leur valeur alimentaire.

*Extraction de la caséine du lait.* — Par les nombreux débouchés qu'elle a trouvés depuis quelques années dans l'industrie [1], la caséine peut être une source de revenus pour les éleveurs et les agriculteurs. Elle est utilisée, en effet, non seulement pour l'alimentation de l'homme (fromages nommés caillebottes) et des animaux, mais aussi comme engrais, pour la clarification des boissons (cidres) et pour l'encollage du papier et des tissus (imperméabilisation). Une de ses dernières applications est la fabrication de la *galalithe* (Etym. : pierre de lait), encore appelée *lactoforme* et *lactite* et utilisée coucurremment au celluloïd et à l'écaille pour la confection d'objets de moulage.

La galalithe possède des qualités importantes : elle est ininflammable, très malléable, facile à mouler, constitue un isolant électrique parfait et peut ainsi remplacer le celluloïd dans la plupart de ses usages. Sa fabrication repose sur le traitement de la caséine comprimée par le formol et d'autres composés organiques.

Etant donné ces importantes propriétés, il est donc intéressant de pouvoir obtenir la caséine économiquement et suffisamment pure en vue de ses différentes applications. L'électricité peut intervenir dans cette préparation. On sait en effet depuis longtemps qu'un courant électrique traversant une masse de lait, dans certaines conditions, permet la séparation presque instantanée de la caséine.

Dans le procédé Gateau, l'opération s'effectue de la façon suivante :

Une cuve remplie de lait écrémé et porté à la température du 80° renferme en son milieu un vase poreux contenant une solution de soude caustique à 5 °/o dans laquelle pénètre une cathode en fer. Dans le lait plonge une tige de charbon servant d'anode ; les deux électrodes sont distantes de 10 centimètres environ.

En faisant traverser l'appareil par un courant tel que la densité à l'anode soit de 1 ampère par centimètre carré, l'acide phosphorique contenu dans le lait est entièrement libéré et la caséine se précipite. Avec un courant de 160 ampères sous 11 volts, on peut, en 20 minutes seulement, isoler complètement la caséine de 100 litres de lait écrémé.

La soude caustique contenue dans le vase poreux peut être remplacée

1. Jean Escard, L'utilisation industrielle de la caséine animale et végétale (*La Technique Moderne*, 15 janvier 1913.

par un égal volume de petit-lait provenant d'une opération précédente. Les électrodes sont disposées de la même façon. Un courant de 160 ampères sous 18 vols permet de précipiter en 10 minutes la caséine de 100 litres de lait écrémé.

Cette méthode présente trois avantages importants :

1° Le rendement est très élevé, le poids de caséine précipitée étant plus grand que celui obtenu par les procédés habituels à l'aide d'acide ou de présure ;

2° Le prix de revient est très faible, la dépense en énergie électrique étant plus faible que celle en acide ou en présure. La dépense de courant diminue surtout lorsque celui-ci est produit par un moteur hydraulico-électrique ou un moteur éolien combiné à une dynamo, comme cela se pratique de plus en plus dans l'industrie agricole ;

3° La caséine ainsi fabriquée ne possède aucune impureté, les éléments étrangers ne pouvant pénétrer dans le liquide puisque la précipitation s'effectue par le seul jeu de l'action électrolytique du courant.

*Eclairage et chauffage.* — L'éclairage électrique des fermes est très économique lorsqu'on possède déjà une dynamo destinée à fournir la force mécanique. Lorsque celle-ci n'est utilisée que pendant le jour, on peut employer pour l'éclairage une batterie d'accumulateurs qui se charge pendant les périodes de non-utilisation en absorbant l'excédent de force. L'avantage est important, car ce moyen permet de faire fonctionner la machine motrice à pleine charge, ce qui augmente son rendement, et de profiter de l'éclairage électrique au moment où elle est au repos, c'est-à-dire lorsqu'elle ne dépense rien. Aucune surveillance n'est nécessaire dans ce cas, les accumulateurs donnant seuls la lumière nécessaire. Ce système est donc des plus pratiques et, de plus, très économique, puisqu'en agriculture la lumière et la force motrice ne s'emploient que très peu simultanément.

Il est cependant des cas où les travaux de récolte doivent être poursuivis la nuit. Rien n'est plus facile alors que d'installer des supports de lampes, comme cela se pratique pour les poteaux télégraphiques, et d'y placer les lampes à arc ou à incandescence. Cet éclairage facilite sensiblement le travail. On l'a essayé dans plusieurs grandes exploitations agricoles et on n'a eu qu'à se louer des résultats. Du reste, non seulement le champ à moissonner peut être éclairé ainsi, mais aussi les moissonneuses et les autres machines agricoles. L'avantage de cette innovation se fait surtout sentir dans les pays où il est nécessaire d'emmaganiser promptement les récoltes en raison des perturbations atmosphériques subites que l'on a si souvent à redouter.

Pour le choix des lampes, il est difficile de se prononcer : les arcs comme les ampoules à incandescence ont leurs défenseurs et leurs détracteurs. Notre avis est que, dans l'intérieur des bâtiments de ferme, on peut se contenter des lampes à incandescence, qui donnent une lumière plus stable et sont moins sujettes à des avaries que les arcs. Dans les champs, ces derniers peuvent avoir logiquement la préférence en raison de leur grande puissance lumineuse et des perfectionnements atteints aujourd'hui dans la construction des régulateurs. Dans leur installation, leur hauteur au-dessus du sol doit être calculée de façon que les cônes lumineux engendrés par les rayons émis par les différents foyers se pénètrent bien mutuellement de manière à ne laisser sur le sol aucun point d'ombre.

Le chauffage électrique, parfaitement possible et économique lorsqu'on possède une source d'énergie électrique, présente des avantages appréciables. Les serres qui nécessitent une température constante quoique facilement réglable peuvent l'utiliser avec profit. De même, il permet de réaliser l'incubation artificielle d'une façon beaucoup plus certaine que n'importe quel autre procédé.

Enfin, les expériences d'électroculture par les effets combinés de la lumière artificielle, de l'électrisation et de la chaleur deviennent pratiquement possibles. En faisant varier l'un ou l'autre de ces facteurs, on est en possession de données certaines sur la marche des essais et les résultats sont dénués de toute erreur due à des coefficients accidentellement variables.

*Abatage des arbres.* — Les machines à abattre les arbres par commande électrique sont déjà nombreuses. L'appareil le plus répandu est constitué par une tarière animée d'un mouvement simultané de va-et-vient et de rotation ; elle est actionnée par un électro-moteur monté sur un chariot. L'instrument tourne autour d'un axe vertical et peut se fixer à volonté au tronc de l'arbre. On commence par faire une saignée atteignant le milieu de l'arbre, puis on répète la même opération de l'autre côté : l'arbre est ainsi promptement abattu.

Le procédé Gantke consiste à entourer le pied de l'arbre à couper d'un fil d'acier fixé par ses deux extrémités à deux câbles. L'ensemble constitue une sorte de fil sans fin mis en mouvement par un moteur électrique qui imprime au fil un mouvement alternatif ou circulaire très rapide. Le frottement de ce fil contre le bois échauffe celui-ci et le carbonise en partie, de sorte que l'usure se produit aussi bien par le frottement que par la destruction pyrogénée de la matière.

Les principaux avantages de ce procédé sont les suivants :

1° Il permet d'installer le moteur et le mécanisme de commande du fil à une grande distance de l'arbre à abattre, c'est-à-dire hors de la région rendue dangereuse au moment de la chute de l'arbre ;

2° Il est très rapide, l'abatage d'un arbre de $0^{m},30$ de diamètre ne demandant pas plus de deux minutes avec un fil faisant 1.500 oscillations par minute ;

3° Il est peu coûteux et permet d'être employé même dans les régions où les arbres sont très rapprochés ; il permet également de couper ceux-ci très près du sol ;

4° Il est utilisable pour le débitage des troncs abattus, que ceux-ci soient placés verticalement ou horizontalement. Comme les surfaces de section produites par le fil sont carbonisées, elles évitent la pourriture du bois et le protègent contre les insectes lorsqu'il doit séjourner pendant un certain temps à l'air libre.

*Dissipation électrique des brouillards.* — C'est à Sir O. Lodge que l'on doit d'avoir constaté le premier, il y a une quinzaine d'années, l'influence exercée par l'électricité sur la dispersion des brouillards et des fumées. Son appareil comprenait une machine statique dont l'un des pôles était à la terre ; l'autre pôle se terminait par une sorte de peigne dirigé vers le ciel. Sous l'action des décharges à haute tension, les particules liquides et solides en suspension dans l'air subissent l'action de la pesanteur et se résolvent à l'état de pluie.

Depuis ces premières constatations, la dissipation électrique des nuages et des fumées a fait l'objet de nombreux essais par suite de l'intérêt qu'elle présente pour les agriculteurs et les viticulteurs. On a pu ainsi se rendre compte que les minuscules portions de matière qui forment les brouillards sont en équilibre instable dans l'air et qu'un choc quelconque, mécanique ou électrique, pouvait les faire tomber vers le sol. C'est ce qui a bien lieu, en effet, et l'on constate que la condensation se produit dans une sphère ayant pour centre l'extrémité du câble où aboutissent les effluves et dont le rayon est d'autant plus grand que la tension électrique est plus élevée. L'effet résultant, c'est-à-dire l'atténuation du brouillard, est d'autant plus net que la décharge ou les effluves sont plus intenses.

Sir O. Lodge a pu ainsi dissiper des brouillards épais dans un rayon de 60 mètres environ à l'aide d'appareils situés à 25 mètres environ du sol. Le dispositif employé consiste en une batterie alimentant le primaire d'une bobine d'induction ou d'un transformateur. Une extrémité de l'enroulement secondaire est reliée, par l'intermédiaire d'une série de redresseurs, à l'armature d'une bouteille de Leyde ; l'autre extrémité est réunie à une deuxième bouteille de Leyde par l'intermédiaire d'une seconde série de redresseurs. Les armatures extérieures communiquent entre elles électriquement. Les conducteurs vont des bouteilles aux déchargeurs, qui consistent en pointes ou en ronces métalliques embrassant l'espace où l'on veut dissiper le brouillard. L'un des deux déchargeurs communique électriquement avec le sol ; l'autre est dirigé vers le ciel.

On a constaté que les brouillards contenant de la fumée ou des poussières étaient plus facilement dissipés que les brouillards uniquement aqueux. Ce fait résulte sans doute de ce que les poussières, en général, conduisent mieux l'électricité que la vapeur d'eau ; elles s'électrisent aussi plus facilement, sont attirées par le radiateur et, projetées au loin, électrisent par contact les particules voisines en même temps qu'elles attirent les globules de vapeur d'eau en suspension dans l'air.

M. Dibos a ainsi obtenu de très bons résultats se manifestant par des éclaircies de 130 mètres de diamètre à l'aide d'antennes placées à 25 mètres au-dessus du sol. Depuis ces premières expériences, on a construit plusieurs modèles de ces radiateurs, qui permettent de dissiper en quelques secondes des brouillards très épais à une centaine de mètres de distance. On peut employer, comme radiateurs, soit de simples tiges métalliques, soit, de préférence, un faisceau divergent de ces mêmes tiges. Quelle que soit la source d'électricité, l'un de ses pôles est relié à un radiateur placé au sommet du mât par l'intermédiaire de câbles isolés ; l'autre pôle est relié, soit à la terre, soit à un autre radiateur.

Au point de vue de l'installation, ces appareils nécessitent peu de frais. On peut les disposer comme les lampes à arc servant à l'éclairage, c'est-à-dire à la partie terminale de poteaux suffisamment hauts. Pour obtenir un rayon d'action suffisant, il faut employer une source à haute tension. On y arrive facilement, soit en se servant du courant alternatif utilisé pour l'éclairage et en élevant sa tension au moyen de transformateurs, soit en employant un petit moteur mettant en marche une machine statique de puissance suffisante.

*Applications diverses.* — Nous ne ferons que mentionner les autres services que peut rendre l'électricité dans certaines industries ayant des attaches directes ou indirectes avec l'agriculture.

Nous avons indiqué précédemment les procédés de stérilisation des eaux par les rayons ultra-violets. Et bien, la connaissance de la *résistivité électrique des eaux* permet de juger leur état de pureté et de déterminer, au besoin d'avance, l'utilité de leur stérilisation.

La résistivité de l'eau, c'est-à-dire la résistance qu'elle oppose au passage d'un courant électrique pour une épaisseur donnée, varie en effet suivant son origine, sa composition, la nature des sels qu'elle tient en dissolution. Pour une même eau, la résistivité varie suivant sa pureté et la quantité de matières salines ou organiques qu'elle renferme à l'état permanent ou passager.

La mesure de cette résistivité permet donc, pour une eau connue et préalablement analysée, de reconnaître la constance de sa composition, et, par suite, sa contamination possible. Evidemment, elle ne fait pas connaître la nature des impuretés souillant cette eau ni leur proportion, mais elle est un critérium certain en faveur d'une variation quelconque dans sa composition.

Il existe plusieurs dispositifs pratiques permettant d'arriver à ce résultat. Le plus connu est celui de Kohlrausch : il consiste en un téléphone branché sur un circuit comprenant une pile et l'eau dont il s'agit de contrôler la pureté. Le tout est disposé de façon qu'à l'état normal, le téléphone rende un son donné et caractéristique. Si, à un moment quelconque, le son se modifie, c'est signe que l'eau a été polluée. Il est facile de se rendre compte ensuite, par l'analyse, quelle est la nature des impuretés introduites dans cette eau, au besoin de les doser, et de procéder à sa stérilisation.

Comme autre application importante de l'électricité, il faut citer l'*épuration des jus sucrés* qui se réalise pratiquement à l'aide d'un récipient rempli d'eau et au milieu duquel est placé un vase poreux. Ce dernier renferme une électrode en plomb ou en aluminium (métaux inattaquables) reliée au pôle positif d'une source d'énergie électrique et plongeant dans le jus à purifier. Le pôle négatif de la machine communique avec une électrode de fer ou de charbon plongeant dans l'eau contenue dans le récipient extérieur.

Dès qu'on fait passer le courant, l'épuration se produit : les matières albuminoïdes se coagulent, les sels se précipitent, et en peu de temps on obtient un liquide sucré complètement exempt d'impuretés. Ce procédé a été essayé et mis en pratique dans plusieurs sucreries et il n'a donné partout que de bons résultats : tout porte à croire qu'il se généralisera d'ici peu.

En terminant, nous mentionnerons simplement l'application de l'électricité dans le tannage, dans le blanchiment des matières textiles, l'imprégnation et la sénilisation des bois (procédés Baumartin), la fabrication de la cellulose et de l'acide acétique en partant du bois, enfin la désinfection des eaux d'égout.

Il n'est pas secondaire d'ajouter que toutes ces applications peuvent être également satisfaites dans une exploitation industrielle et agricole un peu importante. Les dépenses d'énergie qu'elles nécessitent sont en effet très variables et, presque toujours, les appareils sont en marche à des moments différents de la journée ; plusieurs ne sont même utilisés qu'à certaines époques de l'année. Il est donc parfaitement possible, avec une force mécanique et électrique limitée, de tirer un grand profit des multiples ressources que l'électricité met à la disposition des agriculteurs ingénieux et armés d'initiative.

JEAN ESCARD.

ABBEVILLE. — IMPRIMERIE F. PAILLART

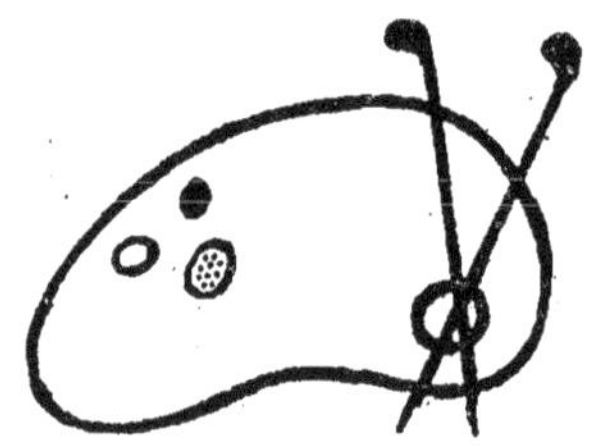

www.ingramcontent.com/pod-product-compliance
Ingram Content Group UK Ltd.
Pitfield, Milton Keynes, MK11 3LW, UK
UKHW020404250726
13967UKWH00005B/2469

9 782011 942296